有问必答

YOUWEN BIDA

动物世界

DONGWU SHIJIE

知识达人 编著

U0334673

成都地图出版社

图书在版编目（CIP）数据

动物世界 / 知识达人编著 . —成都：成都地图出版社 , 2017.1（2021.7 重印）
（有问必答）
ISBN 978-7-5557-0494-2

Ⅰ . ①动… Ⅱ . ①知… Ⅲ . ①动物－少儿读物 Ⅳ . ① Q95-49

中国版本图书馆 CIP 数据核字 (2016) 第 213163 号

有问必答——动物世界

责任编辑：张　忠
封面设计：纸上魔方

出版发行：成都地图出版社
地　　址：成都市龙泉驿区建设路 2 号
邮政编码：610100
电　　话：028 - 84884826（营销部）
传　　真：028 - 84884820

印　　刷：固安县云鼎印刷有限公司
（如发现印装质量问题，影响阅读，请与印刷厂商联系调换）

开　　本：710mm×1000mm　1/16
印　　张：8　　　　　　　　字　　数：160 千字
版　　次：2017 年 1 月第 1 版　　印　　次：2021 年 7 月第 4 次印刷
书　　号：ISBN 978-7-5557-0494-2
定　　价：38.00 元

在每个人的生活中，都充满了很多很多的"小问号"，而又正是这一个个小问号，构成了人生的历程。

小孩子对周围世界充满了好奇，对知识也有着无限的渴求，脑袋里充满了很多很多的"小问号"。每当孩子睁着大眼睛问"为什么长颈鹿的脖子会特别长？"时，你也许能脱口而出，那是因为你知道。但是，还有很多问题不能给出准确的解释，怎么办？这就需要查找资料，以便给孩子准确的答案。

为此，我们特地从生活中的小事物、小环节入手，精心制作了这本《动物世界》，目的是帮助家长们解答孩子的那些"小问号"。

我们真心地希望这套《有问必答》能成为孩子打开智慧之门的钥匙，帮助孩子开启智慧之窗的大门。

目录

动物王国

1   为什么公鸡每天打鸣？
2   鸡的耳朵长在哪里？
3   为什么鸭子走路时摇摇摆摆？
4   为什么鸭子在冬天游水不怕冷？
5   为什么鸡、鸭、鹅有翅膀却不会飞？
6   为什么大熊猫能爬树？
7   小熊猫是大熊猫的宝宝吗？
8   为什么猫要长胡子？
9   为什么猫爱舔毛？
10   天热时，为什么狗会伸舌头喘气？
11   为什么老鼠爱啃东西？
12   青蛙在下雨前叫声为什么特别大？
13   青蛙也能杀人吗？
14   为什么大象鼻子那么长？
15   为什么兔子有双长耳朵？
16   为什么金丝猴那么珍贵？
17   为什么猴子喜欢"捉跳蚤"？
18   为什么猴子的屁股是红色的？
19   雄鹿的角是用来干什么的？

20　为什么长颈鹿的脖子特别长？

21　为什么乌龟的甲壳很坚硬？

22　为什么下雨前乌龟的背是湿的？

23　为什么绿毛龟身上长绿毛？

24　为什么松鼠的尾巴特别大？

25　为什么牛吃草时嘴一直不停？

26　为什么鸵鸟不会飞？

27　为什么响尾蛇的尾巴会响？

28　为什么蛇没有脚也能爬行？

29　为什么蛇能吞下比它个头大的动物？

30　为什么刺猬害怕黄鼠狼？

31　穿山甲是怎么"穿山"的？

32　为什么恐龙会消失？

33　蝙蝠为什么倒挂睡觉？

34　为什么骆驼不怕渴？

目录

35　为什么壁虎能在光滑的墙壁上爬行？

36　袋鼠腹部的袋子有什么用？

37　狮子和老虎谁更厉害？

38　到处都能看到野马吗？

39　为什么河马总喜欢泡在水里？

40　为什么企鹅不怕冷？

41　"四不像"是什么动物？

42　动物中谁跑得最快？

43　谁是寿命最长的动物？

44　世界上现存最大的动物是谁？

45　谁是力气最大的动物？

46　能起死回生的动物是谁？

47　动物会说谎吗？

48　为什么动物冬眠不会饿死？

49　动物也会做梦吗？

50　动物是怎么睡觉的？

51　谁是陆地上最大的动物？

小鸟天地

52　谁是世界上最美丽的鸟？

53　为什么孔雀喜欢开屏呢？

54　鸟儿都是两只翅膀吗？

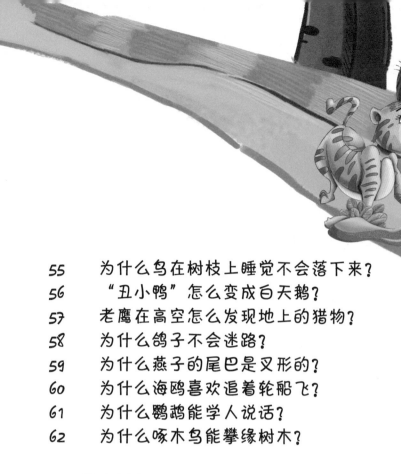

55 为什么鸟在树枝上睡觉不会落下来？

56 "丑小鸭"怎么变成白天鹅？

57 老鹰在高空怎么发现地上的猎物？

58 为什么鸽子不会迷路？

59 为什么燕子的尾巴是叉形的？

60 为什么海鸥喜欢追着轮船飞？

61 为什么鹦鹉能学人说话？

62 为什么啄木鸟能攀缘树木？

昆虫树木

63 谁是世界上最小的昆虫？

64 谁是世界上最大的昆虫？

65 为什么会有那么多昆虫？

66 昆虫会像人一样呼吸吗？

67 为什么蜻蜓的眼睛那么大？

68 萤火虫是怎么发光的？

69 为什么蝴蝶飞起来没声音？

70 为什么蝴蝶的翅膀那么美？

71 为什么蜗牛爬过后会留下涎线？

72 蜈蚣到底有多少只脚？

73 蚂蚁靠什么传递信息？

目录

74 为什么蜜蜂蛰人后会死去？
75 蜜蜂怎么区分不同的花？
76 蜜蜂怎么采集花粉和花蜜？
77 为什么说蚯蚓是最古老的"犁"？
78 为什么蝉喜欢唱歌？
79 为什么蟋蟀在夏天叫得特别欢？
80 黑暗中蚊子怎么叮人？
81 为什么蛾子喜欢在亮光处飞？
82 为什么爬得再高蜘蛛也不会掉下来？
83 蜘蛛网会粘住蜘蛛自己吗？
84 为什么苍蝇会传播细菌？

树木世界
85 树的年轮是怎样形成的？
86 树是吃什么长大的？
87 为什么大树上会长出别的小树？
88 为什么空心的大树还能活？
89 为什么地势越高植物越矮？
90 有不长叶子的树吗？
91 为什么不能烧树叶？
92 为什么叶片两面颜色深浅不同？
93 为什么树叶大多是小而扁的？

94 为什么树木秋天会落叶？

95 为什么秋天松树不落叶？

96 松树树干上流的是什么？

97 为什么枫叶会变红？

98 为什么说胡杨树全身都是宝？

99 为什么银杏树特别少？

100 什么是沙漠中的"人参"？

101 无花果树会开花吗？

102 为什么薄荷特别凉？

103 为什么要给果树剪枝？

104 为什么夏天树林里比较凉爽？

105 为什么热带沿海椰子树多？

106 为什么要多种树？

水底世界

107　世界上什么鱼游得最快？

108　为什么鱼不能离开水？

109　为什么鱼尾总是摆来摆去？

110　为什么鱼游泳时总是背部向上？

111　鱼会说话吗？

112　世界上真的有美人鱼吗？

113　娃娃鱼长得像娃娃吗？

114　海马爸爸真能生出海马吗？

115　为什么比目鱼长得那么奇怪？

116　海豚为什么聪明？

117　为什么寄居蟹没有固定的家？

118　章鱼是鱼吗？

为什么公鸡每天打鸣？

每天清晨，大公鸡都会准时鸣叫，为大家报晓。这是怎么回事呢？难道公鸡有什么特殊的本领吗？

经过研究，科学家发现，公鸡的身体里有一种像钟一样的物质，能提醒公鸡报时，这就是公鸡的生物钟。

公鸡对光线特别敏感，每天清晨，天刚微微亮时，一种特殊的光波就能"叫"醒公鸡，于是公鸡就"喔喔"地叫起来，开始每天的工作。

世界真奇妙

公鸡有一个红红的大鸡冠，母鸡是没有的。公鸡是葡萄牙传统和文化的标志，是葡萄牙的吉祥物。

鸡的耳朵长在哪里？

　　鸡是人们最熟悉的家禽，公鸡司晨，母鸡孵蛋，它们的分工十分明确。在捉食时，它们喜欢用利爪刨土。鸡的脑袋光秃秃的，好像没有耳朵。其实，鸡是有耳朵的，只是太小，不容易被人发现而已。

　　鸡眼睛后边一撮稍突起的毛后面就是它的耳朵，但只有小小的耳孔，不像人类有明显的耳廓。鸡耳朵虽然很小，但一样能防水和阻止小虫钻进去。当然，听周围环境的动静也是鸡耳朵非常重要的作用。

为什么鸭子
走路时摇摇摆摆？

鸭子的胸脯宽宽的，平平的，占了体重的大部分。

如果再仔细观察鸭子的脚，就会发现三个脚趾之间有皮膜相连，形成鸭蹼，脚趾不能灵活分开。它们的双脚也不在身体的中间而是靠后，使得重心偏移，所以必须要后仰才能维持身体平衡，避免前倾摔跤。

再加上鸭子的脚比较短，走起路来就变成摇摇摆摆的样子，十分滑稽可笑。

世界真奇妙

我们的脚丫因为指头没有连在一起，所以非常灵活。而潜水员脚上的潜水鞋的发明就是在鸭蹼中得到的启示。

为什么鸭子在冬天游水不怕冷?

　　鸭子的体内聚集很多脂肪，体外还有一层厚厚的不容易透水的羽毛，可以起到御寒的作用。

　　鸭子的尾部有一对发达的尾脂腺，鸭子常用又扁又大的嘴巴把尾脂腺里的油脂均匀地涂在全身的羽毛上。这样，水就不会浸湿它们的羽毛了。

　　在冬天，水里的温度比室外空气的温度高，再加上不断地游水运动，鸭子体内的温度增加，所以它们在冷水里欢快地游动而不会感到冷。

轻松考考你

　　鸭和鹅都是普通的家禽，你能说说它们有什么不同吗?

4

为什么鸡、鸭、鹅有翅膀却不会飞？

　　在远古时代，鸡、鸭、鹅的祖先都是会飞的。后来人类把它们当做家禽饲养起来，给它们每天喂食。由于不用自己捕食，也没有天敌的威胁，它们就过上了舒适的生活。

　　时间一长，它们的身体越来越胖，翅膀飞翔的功能也慢慢退化了，一代代地传到现在，即使有翅膀基本上也不会飞了。在突然受到惊吓时，也只能飞行几米远。

为什么大熊猫能爬树?

大熊猫身体笨重、行动缓慢，平时看上去总是一副懒洋洋的憨模样，还长着四只五指并生的爪子，居然也有爬树的本领。这一直是让大家感到疑惑的地方。

后来，通过科学家的生理解剖后发现，在大熊猫腕骨的内侧长着一个仔骨，就好比人和猿猴类动物的大拇指一样，和其他五指形成了对生的关系。有了这个"拇指"，大熊猫就能自如地抓拿东西，甚至抱着树干往上爬了。

轻松考考你

大熊猫最喜欢吃的食物是什么呀?

6

小熊猫是大熊猫的宝宝吗？

炎热的夏天，大熊猫总是懒洋洋的，因为它们耐寒怕热。小熊猫和大熊猫的名字听起来非常接近，常常让不熟悉的小朋友以为小熊猫就是大熊猫的宝宝。其实，它们一点亲戚关系也没有。

大熊猫属于熊科，行动缓慢，全身只有黑白两种对比鲜明的颜色，身体肥胖，食物以竹子为主。小熊猫属于浣熊科，体形像家猫，全身皮毛都是漂亮的红棕色，长着一对白色的大耳朵，有着九节环纹的长尾巴，动作也非常灵巧，能一下子爬到很高很细的树枝上去。所以，小熊猫不是大熊猫的宝宝。那么，大熊猫的宝宝应该叫什么呢？

为什么猫要长胡子?

　　小朋友可别小瞧猫的胡子,那可是它们重要的工具呢。猫晚上捉老鼠的时候,会跟着东躲西藏的老鼠到处跑,甚至有时还要钻洞。如果猫没有胡子,它就不敢钻洞了。因为猫胡子的长短跟它们身体的胖瘦一样。如果胡子碰到洞边,它就知道洞太小了,自己的身体不能通过;如果距离洞边还挺远,猫就敢放心地追上去了。

　　所以,猫的胡子就像一把尺子一样,可以丈量通道的宽窄和洞的大小。而猫的脚掌上有厚实的肉垫,所以即使从高处跳下来,也不会受伤。

世界真奇妙

　　有些猫不会捉老鼠,例如观赏型的波斯猫。

8

为什么猫爱舔毛？

我们经常会看到这样的情形：猫一边懒洋洋地晒太阳，一边伸出粉红的舌头舔自己身上的皮毛。难道它们是嫌自己身上太脏，想把自己弄干净一些吗？

其实并不是这样的，猫这样做只是在吃一种营养物质。它们皮毛里有一种被太阳晒后就可以神奇地变成维生素 D 的东西。这种物质可以帮助猫补充食物里吸收不够的钙，让它们健健康康地成长，不会得软骨病。

狗的嗅觉和听觉非常灵敏，是人类的好帮手哦！狗的舌头能散热，那人的舌头也可以散热吗？

天热时，为什么狗会伸舌头喘气？

　　小狗皮肤上没有汗腺，它们只有舌头和脚趾上长着一些汗腺。汗腺有排泄汗液、调节体温的作用，是平衡身体健康的重要组织。

　　所以，天热的时候，小狗为了散发体内的热量，就只有靠伸出舌头喘气，才能排泄汗液，让自己感到凉快一些。

为什么老鼠爱啃东西?

老鼠可以说是人们最讨厌的动物之一了,不仅偷吃粮食,还经常咬坏我们的衣服、玩具和家具……真可谓"过街老鼠,人人喊打"。

老鼠喜欢啃咬东西,并不是为了填饱肚子,而是在磨牙。老鼠牙齿的生长速度非常快,总是不停地生长。时间一长,牙齿就会长到嘴唇外面来,影响它们吃东西和日常活动。

所以,老鼠会时常找一些硬的东西来啃咬,把门牙磨短。可爱的兔子也和老鼠一样有着一副容易长长的牙齿。

轻松考考你

老鼠碰过的食物还能吃吗?

青蛙在下雨前叫声为什么特别大?

青蛙虽然是两栖动物,但不适合在过冷、过热或过于干燥的环境下生活。它们适合呆在水中或是靠近水的地方。下雨前,气压下降,空气湿度增大,空气中的水汽变多,环境变得湿润。这时,青蛙的皮肤里吸收了大量的水分,它们迅速地活跃起来,高兴地呱呱直叫。而且青蛙在繁殖的季节也会显得格外活跃,鸣叫求偶。

轻松考考你

除了蛙鸣,你还知道哪些动物的活动可以预报天气呢?

青蛙也能杀人吗？

美洲有一种个头很小的蛙类，整个身体一般不超过 5 厘米，也就成年人两个手指那么大。

这个不起眼的小东西，身上藏着可使世上任何一种动物丧命的毒液。这种小小的蛙叫箭毒蛙，是世界上毒性最强的动物之一。

哥伦比亚西部崔柯地区所产的箭毒蛙，又是毒蛙之冠，取其 1 克毒液的十万分之一，就可以使一个人或是一头庞大的动物中毒死亡。所以，青蛙也能杀人。

世界真奇妙

箭毒蛙通身的颜色鲜艳多彩，非常漂亮，其中以柠檬黄最为突出。箭毒蛙虽然很可怕，但它们的毒汁只能通过人的伤口才会起作用。

为什么大象鼻子那么长?

象是群居动物，整个象群都是以一头母象为首领。大象是陆地上现存最庞大的动物，通常有 5 吨重，拥有如此庞大的身体，大象行动起来非常不方便。

它们的脚趾不能像猩猩那样张开抓东西，所以大象只有靠灵活的鼻子找青草吃，吸水喝，吃长在高处的植物。

大象鼻子减轻了大象沉重的负担，否则它们就只能跪下吃东西、喝水。大象鼻子十分灵活，还可以从地上拾起一枚绣花针呢。

轻松考考你

你知道大象的长鼻子还有哪些作用吗?

14

为什么兔子
有双长耳朵?

　　乖巧的小兔子是兽类中最弱小的,似乎谁都能欺负它们,所以,跳跃逃跑就成了它们生存的本领。

　　为了争取逃跑时间,它们经常要竖起耳朵,倾听四面八方的动静,尽可能早一些发现敌人。

　　在四面受敌、险象环生的环境里,耳朵的敏感性就非常重要。所以,兔子为了生存的需要,耳朵发育得特别大,竖起来时,就像雷达一样,监视着周围的动静。

轻 松 考 考 你

　　除了长耳朵,兔子还有哪些特征呢?

轻松考考你

金丝猴和我们平时看到的猴子有哪些不同呢?

为什么金丝猴那么珍贵?

金丝猴和大熊猫一样,是我国特有的珍稀动物,只分布在四川、贵州和陕西一些大森林里,数量不多,所以金丝猴被列为国家一级保护动物。

金丝猴长得非常漂亮。它们的脸孔很特别,是天蓝色的,中间有一个可爱的朝天小鼻子。结实的身体上长着柔软的金色长毛,在阳光下分外夺目,尾巴几乎和身子一样长。这些外形上的特点也让金丝猴成了深受大家喜爱的小动物。金丝猴不仅喜欢吃各种浆果,有时候还吃小虫子呢!

为什么猴子喜欢"捉跳蚤"？

　　猴子是喜欢群居的动物，每个猴群都有一个威望高的猴王。世界上猴子喜欢"捉跳蚤"是大家的误解。实际上，猴子身上是很少有跳蚤的，它们用手挠身上也不是在捉跳蚤。

　　猴子在出汗后，水分蒸发，汗里的盐分时间长了会和皮肤、毛根上的秽垢结合在一起，形成盐粒。猴子的食物中不会特意添加盐分，日子久了猴子会感到盐分不足，所以只好彼此挑附在毛根上的盐粒，然后吃掉。猴子们慢慢形成了这种习惯，看上去就像是在捉跳蚤。而在动物园的猴山上，经常可以看到母猴子在挠小猴子，也多是在挑盐粒。

为什么猴子的屁股是红色的?

　　猴子的寿命一般是 20 年左右。1988 年 7 月 10 日，一只叫波波的雄性白喉卷尾猴死去，它是世界上年龄最大的一只猴子，时年 58 岁。

　　猴子有一张红屁股，这是大家都知道的。可这究竟是什么原因造成的呢? 猴子的身体结构很接近人类，体内有许多血管，血液通过血管流到身体不同的部位，把氧气、能量输送至全身。可猴子有自己的特点，那就是屁股上的血管特别多，而这个部位因为长期摩擦，又没有皮毛遮挡，血液的颜色就完全从皮下显露了出来。所以，大家看到的猴子自然就是红屁股了。

世界真奇妙

　　猴子的寿命一般是20年左右。1988年7月10日，一只叫波波的雄性白喉卷尾猴死去，它是世界上年龄最大的一只猴子，时年58岁。

18

雄鹿的角是用来干什么的?

　　善于奔跑的鹿本身性情温和,很少和异类动物发生冲突。即使遇到天敌的时候也没有强悍的力量抵抗,唯一的办法就是逃跑。

　　雄鹿长角也只是用来追求配偶和与同性争斗,除了表现雄姿勃发的形象,并没有什么致命的杀伤力。

　　鹿角每年都会脱换一次,在发育时期较软,血管较多,称为茸期,后期经过灰化才变得坚硬。鹿茸是非常贵重的滋补药材,可用来泡制药酒,常饮还可以强筋健骨。

轻松考考你

　　我国东北有非常著名的"三宝",其中一样就是鹿茸。还有两样你知道是什么吗?

为什么长颈鹿的脖子特别长?

生活在非洲草原上的长颈鹿，是陆地上最高的动物，长长的脖子可有不小的功劳呢。

长颈鹿的脖子那么长是长期适应环境的结果。法国生物学家拉马克，以"用进废退"和"获得性遗传"的理论解释了长颈的形成过程。长颈鹿的祖先生活在没有草的环境中，为了生存，需要时刻努力伸长脖子去吃高处的树叶，这样，脖子慢慢就变长了，长在头顶的眼睛还能远远看见四周的情况，及时发现危险。

轻松考考你

动物园里有许多长颈鹿，你听见过它们的叫声吗?

20

为什么乌龟的甲壳很坚硬？

乌龟的甲壳很坚硬，这和整个地球的地理环境改变有关。

古生代的末期，气候干燥，海洋退化为陆地，两栖动物被迫到陆地上生活。为了防止体内水分散失，乌龟的皮下组织逐渐形成了原始甲壳腱——角质层。

为了适应生存的需要，角质层又起到了支撑身体运动、保护内脏的作用，同时受到敌害时又起到自我保护的作用。随着时间的推移逐渐形成了坚硬如石的甲壳。

世界真奇妙

甲骨文是中国古人刻在乌龟壳上的象形文字，是珍贵的文化遗产。

为什么下雨前乌龟的背是湿的？

我们用放大镜仔细观察，会发现乌龟的背壳纹理十分细密，排水性和吸水性都很弱，所以对水蒸气的变化会有明显的反应。

下雨前，大气的气压降低了，水蒸气的密度也大起来，越接近地面，水蒸气浓度越大，龟背上寒冷，使得水蒸气凝集在上面，又不能很快渗漏下去，所以看上去龟壳表面就是湿湿的。乌龟的寿命非常长，是动物里的老寿星呢！而且乌龟虽然喜欢呆在水里，但都是在陆地上产卵繁殖的。

世　界　真　奇　妙

乌龟虽然喜欢待在水里，但都是在陆地上产卵繁殖的。

22

为什么绿毛龟身上长绿毛？

大家见过绿毛龟吗？它是一种背上生长着龟背基枝藻的淡水龟。

我们可以看见绿毛龟身上长着3~7厘米长的"绿毛"。但这并不是真的毛发，而是寄生在它们身上具有细胞结构的丝状绿藻。这种生物喜欢寄生在钙质的物质上，条件适宜的情况下可以终年生长。

龟寿命长，长时间生活在水中，体温变化适宜，背甲又富含钙，就为藻类提供了非常适合的生长环境。

世界真奇妙

藻类植物是一个庞大的队伍，这类植物没有根、茎、叶的区分。

为什么松鼠的尾巴特别大？

　　可爱的小松鼠有一条比身体大出许多倍的尾巴，不仅美观，还有很多作用呢。

　　松鼠的后肢特别强健，有着高强的弹跳本领，能灵活地在树枝上蹦来蹦去，而大尾巴可以帮助它们在做各种高难度动作时保持身体平衡，避免从树上跌落下来。

　　不仅如此，大尾巴还是小松鼠们最暖和的被子呢。为了储备冬季的食物，松鼠从秋天就开始忙碌了。在寒冷的冬天，小松鼠把毛茸茸的大尾巴反转盖在背上，能起到很好的保暖作用。

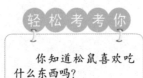

轻松考考你

你知道松鼠喜欢吃什么东西吗？

为什么牛吃草时嘴一直不停？

牛很有自己的特色，身体里有四个胃，分别是瘤胃、蜂巢胃、垂瓣胃和皱胃。牛吃东西时，这四个胃就会开始工作。牛先将吞下的食物贮存到没有消化腺的瘤胃里，经过发酵后再送到蜂巢胃里。这时，所有的食物又回到嘴里，经过细嚼慢咽后再输送到第三个胃里，最后才送到皱胃吸收掉其中的营养。

因为有了这么一个漫长、复杂的过程，所以牛的嘴巴才不停地咀嚼着。这种现象叫做"反刍"。

轻松考考你

你知道鸵鸟主要生活在哪些地方吗？

为什么鸵鸟不会飞？

鸵鸟是世界上体型最大的鸟类。鸵鸟虽然名字里有"鸟"字，也有一对翅膀，可它们并不会飞。

鸵鸟有 2 米的身高，接近 200 千克的体重，所以它们很难飞上天，鸵鸟的祖先也就放弃了飞翔。时间一长，翅膀开始退化，已经完全失去了飞行的功能。鸵鸟虽然不会飞，但奔跑速度却相当惊人。如果顺风奔跑，鸵鸟迈着长而有力的腿能达到 60 千米 / 时的速度，连最矫健的骏马也追不上。

为什么响尾蛇的尾巴会响?

生活在美洲的响尾蛇为了适应当地恶劣的生存环境，有着比其他蛇类更坚硬的外壳。

响尾蛇尾部末端，长着一种角质链状环，围成了一个空腔，角质膜又把空腔隔成两个环状空泡，仿佛是两个空气振荡器。当响尾蛇爬行产生剧烈摇动时，空泡内就会形成一股气流，随着气流一进一出来回振动，就可以发出一阵一阵有节奏的声音了。

"嘎啦、嘎啦"的古怪响声还能帮助它们吓跑周围的动物呢。

轻松考考你

响尾蛇的老家在哪儿呢?

为什么蛇没有脚也能爬行？

蛇的身体非常光滑，没手也没脚，在冬天被冻僵之后，握在手里就像一根普通的棍子。但蛇能在地面或草丛里快速爬行，因为它们全身都长着鳞片。

这些鳞片一立起来，就能像无数的小脚一样踩着地面向前移动了。

同时，蛇长着一根很长的脊骨，每块脊骨的旁边都有一根肋骨，脊骨和肋骨连接起来，就能让身体两边的肌肉产生收缩，也能推动它们向前曲线爬行了。

为什么蛇能吞下比它个头大的动物？

我们常常能在电视上看到这样的镜头：一条长长的细蛇，突然张开可怕的大嘴，咬住一只大老鼠，然后慢慢吞下。

在蛇的嘴里，骨头之间有如同橡皮带那样可自由缩放的韧带。在吞食之前，蛇会将食物拼命缠绕挤压成长条，再用钩状的牙齿帮助把食物送进喉头。

因为蛇的胸部没有串住肋骨的胸骨，就可以使喉头下咽的食物长驱直入，同时分泌的大量唾液也起到了润滑剂的作用。

因此我们能经常看到开篇说的那一幕。

轻松考考你

你知道蛇的天敌是谁吗？

你知道"画蛇添足"这句成语典故吗？

为什么刺猬害怕黄鼠狼？

　　小刺猬身上坚硬的刺是由过去的毛进化而来的，可以保护它们柔软的身体，让很多动物都不敢靠近。

　　但是黄鼠狼却是它们的天敌。狡猾的黄鼠狼看到团成球状的小刺猬，会围着它转几圈，寻找小刺猬呼吸的小缝隙，然后对准那个地方，放一个奇臭无比的屁。这个屁能将小刺猬熏昏过去，失去抵抗能力。

　　就这样，小刺猬就成了黄鼠狼的美餐了。

世界真奇妙

　　除了狡猾的黄鼠狼，连老虎、大熊都拿竖着刺的小刺猬没有办法哦！而且刺猬爸爸和刺猬妈妈是不会带着小刺猬一起出现的。

　　穿山甲冬天居住的洞穴长达10米，距离地面2~4米呢！穿山甲最爱吃的食物就是破坏植被的白蚁。

 穿山甲是怎么"穿山"的？

　　它们虽然名字叫穿山甲，但并不能真的从一座山中间穿过去，那只是人们夸它们有善于挖洞的本领。

　　穿山甲全身覆盖着一层鳞片，可以保护它们在挖洞时，皮肤不会被擦伤。扁而粗的尾巴顶在后面，可以让四肢更好地"工作"。

　　穿山甲短短的四肢是它们挖洞最重要的工具，爪子既锐利又坚硬，就像四个小凿子。挖洞时，前爪在身下使劲刨，后爪则把刨出的土向后面推。很快，就能挖出一个它们需要的洞了。

为什么恐龙会消失?

　　在地球上称霸了 1.8 亿年的陆地之王——恐龙，按进食类型不同分为草食性恐龙和肉食性恐龙。在 6500 万年前，集体从地球上消失了，如果不是它们的化石被人类发现，谁也无法相信，一个物种就这样灭绝了。

　　科学家对此作出了各种推论。比较普遍的观点是当时有颗小行星撞到了地球上，发生了灾难性的"大爆炸"，产生的气体和尘雾覆盖了地球表面，阻挡了阳光的照射，使地球温度降低，植物大量死亡，食量巨大的恐龙因为没有了食物而从此在地球上消失了。

世界真奇妙

　　恐龙属于大型爬行动物，最长的达30多米呢!

32

轻松考考你

你知道蝙蝠是靠什么
来发现前方障碍物的吗？

蝙蝠为什么倒挂睡觉？

蝙蝠是世界上唯一能飞行的哺乳动物！也是一种非常奇怪的小动物，它们的脚很小，翅膀却很大，有些头重脚轻，在地面上无法站稳，更别说行走了，甚至连展翅飞行都有困难。如果只靠慢慢爬行，不仅捕食困难，还非常容易被敌人抓住。

为了行动方便，蝙蝠就养成了在高处倒挂睡觉的习惯，脚上锋利的爪子总是能稳固地抓住依附物。

33

为什么骆驼不怕渴？

　　骆驼是沙漠里重要的交通工具，有着"沙漠之舟"的美誉。常年生活在沙漠里的骆驼有着自己特殊的身体结构，那就是它们背上的驼峰。

　　驼峰像一团大海绵，能在条件合适的时候，吸收大量的养分，把能量囤积起来。到了炎热干燥的沙漠里，骆驼就会减少自己的能量消耗，利用驼峰里的脂肪来维持自己的新陈代谢。

　　骆驼调节好自己的身体机能，保证能量的消耗，练就了自己不怕渴的本事，成了沙漠中名副其实的强者。

世界真奇妙

　　骆驼的蹄扁平，有宽大的肉垫，能起到隔热的作用，适合在沙漠中行走。

为什么壁虎能在光滑的墙壁上爬行？

壁虎喜欢吃蚊子、苍蝇和飞蛾，是对人类有益的动物。而且壁虎身上有一种特殊的黏着力，这种力量来自壁虎脚底大量的细毛与物体表面分子之间产生的一种微弱电磁引力，能让壁虎稳稳当当地趴在墙壁上。

壁虎每只脚底部的瓣膜上都长着大约 50 万根极细的刚毛，而每根刚毛末端又有约 400 ~ 1000 根更细的分支。这种精细结构能增加壁虎身体与墙壁表面分子间的摩擦，产生微弱电磁引力。

遇到敌人，壁虎有一种自救的办法，你知道是什么吗？

袋鼠腹部的袋子有什么用？

　　袋鼠是生活在澳大利亚的一种动物。因为其腹前有个袋子，所以大家都形象地叫它袋鼠。这个袋子是用来养育小袋鼠的。刚出生的小袋鼠发育不完全，身上没有毛，眼睛也看不见，就是一个小肉团。但是它们会靠自己的本能找到妈妈的育儿袋，并慢慢爬进去，然后放心地在里面吃妈妈的乳汁，舒舒服服地睡觉。

　　一直等到长大了，小袋鼠才会下地独立生活，跟着妈妈学习跳跃和其他生存本领。你知道袋鼠那条粗大的尾巴是做什么用的吗？

世界真奇妙

　　成熟后的袋鼠身高可达1.6米，体重100多公斤，每小时能跳走65千米。

狮子和老虎谁更厉害？

在庞大的动物王国里，同属猫科动物的狮子和老虎似乎平分秋色，都是超级凶猛的野兽。

可大家也许会好奇："百兽之王"狮子和"森林大王"老虎究竟谁更厉害呢？

根据科学家的推测，老虎的灵敏性和耐力要比狮子强一点，如果是一对一的挑战，老虎可能会占上风，但如果是群体作战，老虎就占不到什么便宜了，狮群的集体杀伤力是相当强大的。

世界真奇妙

狮群中的狩猎工作基本由雌性成员完成，雄性成员不参与捕猎，基本只负责"吃"。

到处都能看到野马吗？

马曾是农业生产、交通运输和军事活动的主要动力，是一种常见的动物。

我们常见的是家马，和家马同一个祖先的野马是世界公认的珍贵动物。

野马没有紫貂那样昂贵的经济价值，也没有金丝猴那样漂亮的外表，但是物以稀为贵，稀少的数量让野马深受世界关注。

最后一次发现野马是在1957年，专家估计野生种群已经灭绝，目前还有一定数量的野马生活在人工圈养或半散放状态下。

世界真奇妙

野马感官敏锐，性情凶野，耐渴，可3天才饮水一次。野马的头比家马大，没有额前的长毛，颈部直立的鬃毛也要短一些。

为什么河马
总喜欢泡在水里？

　　河马的家乡在终日炎热的非洲，那里气候干燥，阳光强烈，对于像河马这样皮肤厚重的动物来说，是非常痛苦的。

　　为了保护自己的皮肤不因强光照晒而干裂，呆在水里是很好的办法。在水里，不仅可以利用水的浮力减轻河马三四吨重的庞大身体对自己腿脚的压力，还可以把自己隐藏起来，巧妙地躲避其他动物的攻击。

　　有这么多好处，难怪河马那么喜欢泡在水里了。

轻 松 考 考 你

　　河马性情暴躁，你知道河马是吃植物还是吃肉吗？

为什么企鹅不怕冷？

遥远的南极终年积雪，非常寒冷，一代代的企鹅能在这里生存下来，真是令人佩服啊。

可它们为什么不怕冷呢？这是因为企鹅的羽毛非同一般，又厚又密，透不进风，浸不了水，就像穿着厚厚的羽绒服一样。企鹅也有换毛的时候，不过，都是新毛长出来后旧毛才脱落，这样就可以保证它们身上一直都有御寒的羽毛了。而且它们的皮下有很多脂肪，起到了很好的保暖作用。所以，即使在很低的温度下，企鹅也不会怕冷，能健康地生活在寒冷的南极。

轻松考考你

企鹅生活在寒冷的南极，你知道冰天雪地的北极有什么代表性动物吗？

40

　　现在我们已经看不到野生的麋鹿了，不过国内散养的500多头麋鹿也是非常宝贵的财富。

　　麋鹿在清朝的时候就以独特的身价名扬海外了，比大熊猫还更早出名呢！

"四不像"是什么动物？

　　"四不像"这种动物长相很奇怪，头像马，身子像驴，蹄像牛，角又像鹿，可合起来又什么也不像，所以才有了这么一个古怪的名字。

　　"四不像"是我国特有的一种珍奇动物，真名叫麋鹿，一般身高1米多，加上头上的角能达到2米呢。

　　麋鹿属于草食性动物，喜欢生活在水草茂盛的河湖边上，有时在沼泽地区也能看到它们温顺的身影。

动物中谁跑得最快?

　　猎豹是大家公认的陆地上跑得最快的动物,是著名的短跑健将,时速可以达到 112 千米,和飞奔的汽车差不多一样快。

　　猎豹能有这样的好成绩,一是因为它们有发达的长腿,腿上的肌肉强健有力,具有爆发性;二是因为猎豹的脊椎骨很特别,十分柔软,像一根结实的弹簧,能自如伸缩。在跑动时,猎豹的身体一起一伏,做着曲线运动,既省力又迅速。猎豹因为奔跑速度太快,所以很难在急速中转弯或立即停下。

轻松考考你

　　你知道为什么要限制汽车的速度了吗?是不是开得越快越好?

海龟既可以用肺呼吸，也可以用特殊的身体器官在海水中获得氧气。海龟都是回到沙滩上产卵的，白色的卵和乒乓球差不多大。海龟既可以用肺呼吸，也可以用特殊的身体器官在海水中获得氧气。

谁是寿命最长的动物？

寿命最长的动物当然是象征长寿的龟了。据资料记载，一只海龟有着 152 岁的高龄呢。

海龟早在两亿多年前就出现在地球上了。海龟的身体非常强壮，背上坚硬的壳更是天然的保护伞。虽然它们在陆地上行动困难，但在水里活动却非常灵活，它们的四肢就像船桨一样。

海龟还有一个本领：无论走多远，总能在繁殖季节回到自己的故乡。这里究竟有什么奥秘，科学家正在研究呢。

世界上现存最大的动物是谁？

因为恐龙灭绝了，所以生活在海洋里的蓝鲸荣登了这个宝座，成了世界上最大的动物。

发育成熟的蓝鲸体长达到 30 多米，体重 150 吨，几乎和 30 头大象一样重。即使是刚出生的蓝鲸宝宝，也有 7 吨左右重，真是个巨大的婴儿。

有了这么庞大的身体，蓝鲸的食量自然也小不了，一天之内能吃 4~5 吨的鳞虾。

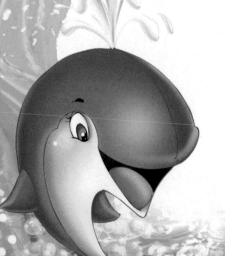

世界真奇妙

蓝鲸虽然生活在水里，却是靠肺呼吸的。呼气时，能从鼻孔里喷出10多米高的水柱。蓝鲸宝宝和人一样，是吃妈妈的乳汁长大的。

谁是力气最大的动物？

　　这个问题真是太简单了，不是大象吗？它们搬木材，驮货物，能把大树连根拔起，力气一定非常大了。可事实上，蚂蚁才是名副其实的"大力士"。

　　一只小小的蚂蚁能轻而易举地将比其自身重量大 1400 倍的筑巢材料或食物拖到自己的巢口。难道这还不能说明蚂蚁的力气有多大吗？团结起来的蚂蚁更能发挥出惊人的能量。当然，我们人类爆发出来的力量也是很强大的。

能起死回生的动物是谁？

在岩礁缝隙或沙质的海区，总能看到成群结队生活在一起的石斑鱼。

起死回生似乎是不可能发生的事情，但是，石斑鱼却能做到。石斑鱼总是在石缝里生活，用鱼网是很难捕捉的，捕鱼人只有用钓竿一条一条地钓。

石斑鱼被钓上来后，它的身体会立即鼓满气体，然后很快死去。但捕鱼人有自己的办法，只要把鱼肚里的气抽出来，再把它们养在装着海水的器皿里，就能看到石斑鱼起死回生了。

世界真奇妙

石斑鱼肉质细嫩鲜美，是餐桌上的佳肴，也是渔民们最喜欢的食物。

轻松考考你

撒谎的行为对吗？

 动物会
说谎吗？

动物和人一样，有时为了达到自己的目的，也会撒撒谎。

科学家曾发现这样一只黑猩猩，它先向同伴示意某个地方有香蕉，但当同伴都奔向那个地方的时候，这只说谎的猩猩却悄悄往真正有香蕉的地方溜去，然后独自饱餐一顿。

狐狸妈妈可以说是世上最没有母性的妈妈了，常常和自己的孩子一起抢东西吃。如果狐狸妈妈先发现了食物，就会发出虚假的警告讯号，预示有敌人来了，把小狐狸吓跑。这样，它就可以独享美食了。

为什么动物冬眠不会饿死?

　　从秋季开始，冬眠的动物就开始在自己的体内积蓄营养，形成厚厚的脂肪，以满足冬眠过程中自己体内能量消耗的需要。

　　冬眠期间，它们不吃也不动，即使活动也是偶尔的行为，因此呼吸次数减少，血液循环减慢，新陈代谢变弱，所消耗的营养物质也相对减少了许多。

　　这样，过去储存的脂肪就能帮助它们安全度过一个寒冷的冬天。到了春天，它们醒来后又能开始新的活动，寻觅食物，慢慢恢复。

　　你知道有哪些动物会冬眠吗?

世 界 真 奇 妙

睡眠对任何一种动物来说都很重要，否则消耗的精力无法得到恢复，身体会越来越差。

动物也会做梦吗？

动物是不是和人一样，睡觉的时候也会做各种各样的梦呢？科学家们经过长时间的观察，用多种脑电图告诉我们：动物也会做梦。不过，各种动物的睡眠方式不同，生活习性不同，梦中呈现的景象也会不同。

猫在睡觉的时候，总是高度警惕，它要提防着老鼠。它们竖着双耳，颤动着胡须，偶尔会发出捕捉猎物时的呼呼声，仿佛是在告诉我们它已经在梦里捉了不少老鼠呢。

动物是怎么睡觉的？

动物睡觉的方式、地点和时间是不同的。

比如海洋中的鲸鱼，它们的睡眠时间是不固定的，如果遇到大风大浪搅得大海不得安宁，它们便不睡了。等风平浪静后，由一条雄性鲸鱼，把自己"家庭"中的成员——几条雌鲸和若干条幼鲸聚集在一起，以鲸头为中心，相互依偎着，像花瓣一样散开，漂浮在海面休息。

生活在树林中的猫头鹰，因为晚上要工作，所以白天都在睡觉，而且总是睁一眼、闭一眼地交替进行。

轻松考考你

很少看见海豚停下来睡觉，因为它们的左、右脑半球可以轮流休息，让身体总是活动着。所以鱼睡觉的时候，眼睛是睁着还是闭着的呢？

大象都是站着睡觉的，因为它们一旦躺下很难迅速爬起来。大象的视力不太好，不过它们的听觉和嗅觉很发达。

谁是陆地上最大的动物？

陆地上最大的动物当然是大象了，哪怕是个头小一点的大象也有 6 吨重。

一头大象每天要吃大约 200 公斤左右的野芭蕉、树叶和鲜草等食物，胃口真是不小啊。大象还喜欢喝水，以亚洲象为例，一头亚洲象一天能喝 60 多公斤水。它们喜欢喝水是因为可以借此消暑。

大象也是非常勤劳的动物，经过驯养的亚洲象用鼻子搬运木头，能抵得上 20~30 个人的劳动力。

谁是世界上最美丽的鸟?

　　鸟王国里最美丽的鸟要数锦鸡了，尤其是有着"金鸡"美称的我国特产红腹锦鸡。

　　在红腹锦鸡的身上汇集着八九种鲜艳夺目的彩色羽毛，在阳光照射下，反射出绚丽的光彩，仿佛最精美的绸缎。它们上身主要是金黄色，下身是红色。头上顶着金黄色丝状羽冠，一直散到后颈。后颈上镶着的黑色细边橙褐色扇状羽毛就像一个美丽的披肩，闪烁着耀眼的光辉。一条长尾巴也显得格外威武雄壮。而这些都是雄性红腹锦鸡才有的美丽。

世界真奇妙

　　和鸳鸯、孔雀一样，雌锦鸡和漂亮的雄锦鸡相比，羽毛黯淡无光，显得平凡极了。锦鸡非常好斗，一直到有一方认输了才会结束争斗。

为什么孔雀喜欢开屏呢？

　　孔雀开屏非常美丽，总是能得到大家的赞美。孔雀开屏不仅是在打扮自己，更是为了保护自己，它们会利用尾羽上的圆斑来吓唬敌人。当敌人看到孔雀沙沙抖动开的尾屏，还以为遇到了多眼怪物，就不敢靠近了。

　　在春夏季节，雄孔雀会高高举起美丽的尾羽，做出各种各样的舞蹈动作来展示自己的魅力，以此吸引雌孔雀的注意，然后组成家庭共同生活。孔雀的尾羽短小，开屏的羽屏是腰部羽毛形成的。

鸟儿都是
两只翅膀吗?

我们看到的鸟大都是长着一双翅膀。可是在非洲的大草原和森林中，生活着一种具有"四只翅膀"的奇特鸟类——缨翅夜鹰。缨翅夜鹰的小翅膀被折断也没关系，第二年还会再长出来，所以，你不必担心哦！

到了繁殖期，缨翅夜鹰雄鸟的两只翅膀上就会分别再长出一根长达 60 厘米的羽干，向身体的上后方略为倾斜，飞行时在空中轻轻飘舞，就像是在用四只翅膀在展翅高飞一样，看上去精神极了。

不过，雄鸟一旦和被吸引而来的雌鸟交配完以后，这对新长出的翅膀也会随之折断了。

世界真奇妙

缨翅夜鹰的嘴短口大，鼻子呈管状，柔软的羽毛上有明显的斑点。

为什么鸟在树枝上睡觉不会落下来？

有些小鸟并不会回到窝里休息，而是蹲在树枝上睡觉。不用担心它们会落下来，因为树栖鸟类脚趾的构造非常适于握住树枝。

落在树枝上时，小鸟便将曲胫跗骨和跗蹠骨弯曲起来。蹲伏时，所有的重量都压在跗蹠骨上，跗蹠骨后面的韧带被拉紧，同时也拉紧趾骨上的弯曲韧带，脚趾便能紧紧地握住树枝。而且鸟类小脑蚓部发达，善于调节运动系统，能够很好地维持身体平衡，不会发生意外。

轻松考考你

为什么小鸟站在高压线上不会触电？

55

"丑小鸭"怎么变成白天鹅？

天鹅十分团结，在越冬迁飞的时候，无论是休息还是觅食都有专门的"哨兵"为大家的安全服务。

在安徒生著名童话《丑小鸭》里，有一个被大家当做小野鸭的小东西，那就是美丽天鹅的雏鸟。当然，它们年幼时看上去的确没有什么特别。

当小天鹅慢慢长大，外表上也不会有什么改变，依然披着棕灰色的羽毛。只有熬到下一年的冬天，当秋风吹落树叶的时候，它们才会换上一身洁白的羽毛，显得端庄而美丽，这表明它们已经成年了。

世界真奇妙

如果一只成年天鹅情绪低落、闷闷不乐，那它很可能是失去了心爱的伴侣。

老鹰在高空怎么发现地上的猎物？

性情凶猛、活动敏捷的老鹰有着非常发达的视力，看到的距离比人类整整远20倍，就像戴了高倍望远镜，哪里都能看清楚。

在高空飞翔时，视野开阔，居高临下，看到的范围更广，即使在离地面很高的地方，世界上飞行最优秀的鸟类——老鹰，也能敏锐地发现地面上的小动物。哪怕只是一只在草地上穿梭的小老鼠，也会成为它们准确无误的猎物。

为什么鸽子不会迷路?

　　鸽子是喜欢群居的鸟类，家鸽常常是一群一群地出现在天空中。在通讯不发达的古代，鸽子常常被人类训练后用来传递信件。即使飞到几千里以外的地方，鸽子也能准确无误地回到主人身边，不会迷路。

　　这是因为鸽子具有识别天体的天赋，天上的太阳、星星都是鸽子最好的参照物。

　　在鸽子的上嘴喙上有一处突起，上面布满了能感应到磁场的细胞，它们能帮助鸽子测量出地球磁场的细微变化和不同的纬度。所以，无论飞到哪里，鸽子都能利用磁场来确定自己的位置，进行自己的旅程。

轻松考考你

你知道通常把会送信的鸽子叫做什么吗?

58

轻松考考你

燕子是候鸟，你知道还有哪些鸟是候鸟吗？

为什么燕子的尾巴是叉形的？

当燕子开始出现的时候，意味着春天也就来了。

燕子的叉形尾巴在鸟类里面显得特别突出，远远一看就知道是它们飞来了。叉形尾巴最大的作用是可以帮助燕子在空中快速飞行时控制方向。

因为燕子的食物都是空中的飞虫，捕食的过程通常都是在飞行中完成，这就对飞行方向和速度有着极高的要求。

叉形尾巴可以帮助燕子轻便地改变飞行方向，就像船舵一样灵活摆动。

为什么海鸥喜欢追着轮船飞?

　　一望无垠的大海上，一只只海鸥总是喜欢追逐破浪前行的轮船飞行。一是因为轮船在航行的过程中，会在破开空气和海水阻力的时候，产生一股上升的气流，在轮船旁边的海鸥就可以借着这股气流轻松地托住自己的身子，减少飞翔时的消耗。二是因为轮船激起的浪花会把沿路的小鱼、小虾打晕，漂浮在水面上的小鱼、小虾因而变成海鸥轻易得到的美餐。

　　有了这一举两得的好处，海鸥当然愿意变成轮船的"随从"了。

世界真奇妙

　　不是所有的鸥类都居住在海边，在淡水河边也能看到它们的身影。在中国就有32种鸥类呢!

为什么鹦鹉能学人说话?

鹦鹉的舌头跟人相似，又大又厚，而且柔软多肉，舌尖圆滑灵活，能在宽阔的口腔里随意打转。而且鹦鹉有发达的鸣叫肌肉，能发出清晰的音调，很好地模仿人类说话的音节。

聪明的鹦鹉还有着很好的记忆力，能将学到的语言恰当运用。但这只是条件反射，它们并不懂得语言真正的意思。

经过驯养，鹦鹉不仅能学人说话，还能模仿唱歌呢。

轻 松 考 考 你

你知道"鹦鹉学舌"这句成语的含义吗?

为什么啄木鸟能攀缘树木？

　　啄木鸟不仅是森林里著名的医生，还比其他的鸟类多了一样爬树的本领，这是因为它们的后肢粗短而有力，脚趾不像一般的鸟那样三趾向前，一趾向后，而是两趾向前，两趾向后，而且脚尖上还生着尖锐的钩爪，更容易抓住树木。

　　同时，啄木鸟又大又长的尾翼强韧竖直，特别强硬，富有弹性。尾翼部分又分成了两束，使整个尾部末端成为叉状，形成两个牢固的支点，帮助支撑身体。所以，啄木鸟可以攀缘树木。

轻松考考你

你知道啄木鸟是怎么发现藏在树干里的害虫的吗？

轻松考考你

你见过的最小的昆虫是什么呢？

谁是世界上最小的昆虫？

世界上最小最轻的昆虫要数膜翅目缨小蜂科的一种卵蜂了。它实在太小了，要用显微镜才能把它的模样看清楚。它只有 0.21 毫米长，体重也极其轻微，只有 0.005 毫克。也许大家还想像不出它到底有多小多轻吧？

让我们估算一下：20 万只卵蜂大约 1 克重，1000 万个卵蜂加起来也只有一个鸡蛋那么重。这样看来，卵蜂是不是世界上最小的昆虫呢？

谁是世界上最大的昆虫？

　　昆虫都有自己明显的特点，身体分为头、胸、腹三个部分。从重量来说，世界上最重的昆虫是热带美洲的巨大犀金龟。这种犀金龟从头部突起到腹部末端长达 155 毫米，身体宽 100 毫米，比一只大鹅蛋还大呢。其重量能达到 100 克，相当于两个鸡蛋的重量。

　　另外，巴西产的一种天牛体长也有 150 多毫米。但从体长来说，最长的昆虫是生活在马来半岛的一种竹节虫，其体长有 270 毫米，比一只铅笔还要长。

轻松考考你

你还记得谁是世界上现存的最大动物吗？

在我们身边有哪些常见的昆虫呢?

为什么会有那么多昆虫?

昆虫是一个庞大的王国,昆虫在地球上的历史至少已经有三亿五千万年了,目前已定名的昆虫大约有 100 万种,每年还在以发现 1000 多个新品种的速度增长着。

昆虫不仅品种多,而且每个品种里的数量也很庞大。为什么有这么多的昆虫呢?首先因为昆虫是无脊椎动物中唯一有翅的动物,在觅食、求偶、避敌等方面都比其他动物要技高一筹,这个条件给昆虫提供了一个广阔的生存环境。同时它们还有着惊人的繁殖能力。蜜蜂的蜂王每天就可产卵 2000 ~ 3000 粒。

昆虫会像人一样呼吸吗?

蟋蟀、蚂蚁、蝴蝶、蜻蜓以及蟑螂这些昆虫虽然没有肺,但它们也具备呼吸能力,而且呼吸的频率比人类还高呢。

科学家研究发现:昆虫们能够通过压缩和扩张头部及胸部的细小气管,快速地进行周期性呼吸。昆虫的呼吸周期可快到每秒一次。

有些昆虫在静止休息时,也能通过肌肉运动控制气管系统收缩,帮助氧气扩散进入组织细胞,进行呼吸。

轻松考考你

什么是人类的呼吸器官呢?

为什么蜻蜓的眼睛那么大?

蜻蜓有一双透明的薄翅膀,飞起来十分轻巧。但在蜻蜓细长的身体上,一双大大的圆圆的眼睛显得特别突出。

这双眼睛可不普通,是由 1~3 万多个小眼睛构成的复眼。复眼把局部图像集合在一起,把各个小眼睛的功能集中起来,看东西的速度也就特别快了。有这样两只敏锐的大眼睛,再配合头部左右灵活地转动,蜻蜓的视野就宽阔了许多。

无论是停在草叶上,还是在空中飞行,蜻蜓都能及时看见自己的天敌和食物。

蜻蜓是益虫吗?为什么?

萤火虫是怎么发光的?

　　夏季,在晴朗的郊外可以看到许多萤火虫。生活在草丛里的萤火虫可是小朋友喜欢的好朋友呢,它们提着的"小灯笼"总是能给大家带来光明。不过,这"灯笼"不是在萤火虫的手上,而是在尾巴上。

　　萤火虫的尾部有一层透明的膜,里面有荧光素和荧光酶,这两种物质和氧气接触时会发出绿色的亮光,在空中一闪一闪的。萤火虫可以利用光来互相召唤同伴,也可以用来寻找理想的伴侣。它们的卵、幼虫和蛹也会发光。

世界真奇妙

　　在中国古代,一些穷人无钱购买蜡烛和油灯,就会将萤火虫收集到一个网袋里,用来照明呢。

68

为什么蝴蝶
飞起来没声音？

世界上最大的蝴蝶展翅长度可达 24 厘米，最小的只有 1.6 厘米。其实蝴蝶飞行是有声音的。我们的耳朵是通过感觉空气不同的振动频率辨别各种声音的。人只对频率为每秒 20~20000 次左右的振动才有感觉，这个频率外的声音就无法听见了。

蝴蝶薄薄的大翅膀挥舞起来的时候每振动一次仅需 1/6 秒，而且声音非常微弱，只能用特殊的仪器才能采听到，所以我们用耳朵听不到蝴蝶飞行的声音。

轻松考考你

你知道美丽的蝴蝶
是由什么变来的吗？

为什么蝴蝶的翅膀那么美？

蝴蝶的翅膀表面上覆盖着一层细小的粉状鳞片，构成了我们看到的美丽色彩和斑纹，鳞片表面有许多条横着的脊纹。如果用电子显微镜观察，能看到这些具有折光性的脊纹是由许多并行的薄片叠合而成的，很像竖着的书页。这种脊纹越多，越能闪烁出美丽的光芒。

鳞片表面含有的特殊色素颗粒本身色彩鲜艳，再经过阳光照射，就会产生不同的光芒和颜色，使斑纹更加美丽夺目。但这些色彩会因为氧化或还原等作用而逐渐褪色甚至完全消失。

世界真奇妙

用眼镜片或是光滑的塑料片在阳光下轻轻摆动，可以看见许多折射出的光。

为什么蜗牛爬过后会留下涎线？

蜗牛是一种很有趣的软体动物，除了背上的硬壳，全身都是软软的。

蜗牛的腹部有一道宽宽的细细的横褶，这就是它们特有的足。蜗牛爬行时，肌肉足会紧贴在别的物体上，做波状蠕动，慢慢地前行。

为了减少摩擦和增加爬行时的稳定性，蜗牛足上的足腺会分泌出一种很黏的液体来帮助自己爬行，足腺干了以后就形成了一条闪闪发光的涎线。

世界真奇妙

如果把蜗牛固定在木板上，它会被自己分泌出的黏液给粘住。而且蜗牛浑身上下连一块骨头都没有哦！

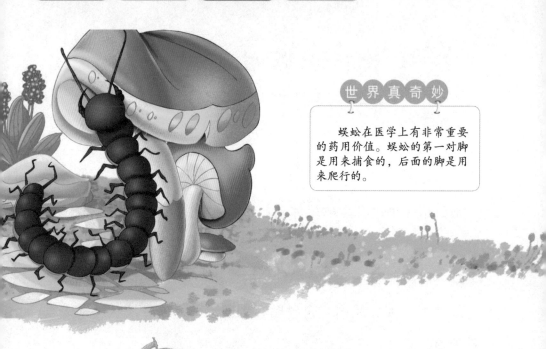

世 界 真 奇 妙

蜈蚣在医学上有非常重要的药用价值。蜈蚣的第一对脚是用来捕食的，后面的脚是用来爬行的。

蜈蚣到底有多少只脚？

　　小朋友知道吗，各种蜈蚣的脚的数目是不同的。它们的躯干由很多环节组成，每个环节有一对脚，也就是说有多少个环节就有多少对脚。

　　目前，世界各地共发现 3000 余种蜈蚣，少的只有 15 对脚，多的有 191 对脚，让人看得瞠目结舌。还有一个有趣的现象，就是科学家们发现无论蜈蚣脚的对数是多少，都是奇数对，至今还没有发现哪一种蜈蚣是偶数对脚的。

蚂蚁靠什么传递信息?

蚂蚁是非常团结的昆虫，虽然它们不会说话，但是可以靠触觉和嗅觉来传递信息。

如果有一只蚂蚁发现了食物，但因搬不动食物而需返回巢穴通知伙伴时，它就会在沿途留下一些独特的气味，包括食物的气味和从它肛门排出的特殊气味。

有了这条线索，同伴们就可以追随这股气味很容易地找到食物，然后齐心协力把巨大的食物搬回家。

世界真奇妙

两只蚂蚁相遇，就会用头上的触角来回碰擦，传递信息。如果看到蚂蚁搬家，预示着不久要下雨了。

为什么蜜蜂蛰人后会死去？

蜂群里，只有母蜂和工蜂有毒刺，这种刺是由一根背刺针和一根腹刺针组成的，后面连接着大小毒腺和内脏器官，腹刺针尖端有好几个小倒钩。

当蜜蜂的刺针刺进人的皮肤里，小倒钩就会牢固地钩住皮肤，很难拔出来。如果蜜蜂想飞走，在用力拔去刺针时，刺针会连同一部分内脏一起脱落下来，这样也就要了它们的命。

所以，只要不去伤害它们，蜜蜂是不会主动蛰人的。蜂王的寿命一般是 4~5 年。工蜂寿命夏季是 38 天，冬季是 6 个月。

蜜蜂的分工和蚂蚁的分工很类似，等级划分非常明显。

蜜蜂怎么区分不同的花?

蜜蜂是群居的昆虫,跟随着一只小蜜蜂一定能找到一个大蜂窝。而且蜜蜂找花的本领可大了。在蜜蜂头上有一对触角,上面有特别的嗅觉器官,可以分辨不同花的香味。蜜蜂还能从腹部分泌出一种自有的香气。这种香气散播到停留过的花上或是经过的路上后,其他蜜蜂通过香气可以很容易地找到花。

当然,它们的一对大眼睛也可以帮助分辨不同颜色的花,它们找到自己喜爱的花朵后,便开始辛勤地工作了。

世界真奇妙

勤劳的蜜蜂会采集各种鲜花的花蜜,它们凭借自己的本领,能酿造出各种不同味道、保留着鲜花本身香味的蜂蜜哦!

蜜蜂怎么采集花粉和花蜜？

蜜蜂的脚上长着绒毛，飞到花芯里时，能把花朵的花粉粘到身上，就像把花粉装进了小篮子里。

当它们飞到另一朵花上的时候，把采到的花粉也带了过去，为花儿们义务授粉。

蜜蜂还有一个特殊的口器，是一个能自由伸缩的吸管，这就是采蜜的工具。当飞到自己喜欢的花朵上后，蜜蜂会将吸管伸长，把藏在花芯里的花蜜吸进蜜囊，再飞回蜂巢。

世界真奇妙

一汤匙蜂蜜可以为蜜蜂环绕地球飞行一圈提供足够的能量。

76

在高寒、干旱、盐碱或植被破坏厉害的土壤里，蚯蚓的数量很少。

为什么说蚯蚓是最古老的"犁"？

蚯蚓是变温动物，体温随着外界环境温度的变化而变化。蚯蚓是土栖动物，喜欢待在有机物质丰富的花园、菜园内，用自身的运动使泥土蓬松。蚯蚓是古老的生物，在美国亚利桑那大峡谷，曾发现五亿五千万年前的蚯蚓化石，可见它真的是最古老的"犁"了。

伟大的生物学家达尔文在研究蚯蚓之后说过这样的话："犁是最古老而又最有价值的人类发明之一。可是，远在人类出现之前，土地实际上早已由蚯蚓耕耘过了，并将永远耕耘下去。"

为什么蝉喜欢唱歌?

每当炎热的夏天到来的时候，被誉为大自然中的歌星——蝉，就开始表演了。

不过，只有雄蝉才是真正的歌手，因为它们腹部有一对独特的发音器，能发出响亮的声音。

蝉鸣通常是因为以下三个原因：第一，发出鸣叫，吸引雌蝉到自己身边，繁殖后代；第二，如果不幸成了小鸟的猎物，蝉突然发出的鸣叫声会把小鸟吓一跳，然后自己乘机逃走；第三，如果雄蝉被捉，它会立即鸣叫，向周围的同伴发出警报。

世界真奇妙

蝉的家族中的高音歌手是一种被称作"双鼓手"的蝉。它的身体两侧有环形发声器官，中部是可内外开合的圆盘。

78

轻松考考你

蟋蟀还有一个好听的名字，你知道叫什么吗？

为什么蟋蟀在夏天叫得特别欢?

蟋蟀没有发音器官，全靠双翅摩擦发出声音。蟋蟀的叫声和气温的变化有关。

蟋蟀对温度的变化非常敏感，在气温22℃以下只会单调地叫几声，没有拖长的声音。26℃时，1分钟能叫5次。30℃时，就会拖长鸣叫。温度高达33℃时，1分钟可叫10次左右，听上去很热闹。

雄蟋蟀总是独自住在一个土穴或土缝中，如果遇到同类的雄虫，就会叫得更厉害，那是好斗的它们在给自己加油，吓唬对方呢。

黑暗中蚊子怎么叮人？

漆黑的夜晚，讨厌的蚊子发出嗡嗡的声音，四处飞舞叮咬人的皮肤。难道蚊子有夜视眼吗？

事实并不是这样的。个头小小的蚊子有着敏锐的嗅觉和感觉器官，能闻到人皮肤的味道和感受到皮肤的温度，从而在黑暗中准确地发现目标。

另外，人在呼吸时，呼出大量二氧化碳，使身边空气中二氧化碳浓度发生变化。蚊子能探测出哪些地方二氧化碳较浓，于是就朝这个方向飞去，吸食人血。

轻松考考你

只有雌蚊子在产卵前才会大量吸食人和动物的血。如果被蚊子叮咬了，应该怎么办呢？

轻松考考你

在哪些地方能看到飞舞的蛾子呢？

为什么蛾子喜欢在亮光处飞？

蛾子和蝴蝶同属一个昆虫纲目，但是外形却有很多不同的地方。在古代，照明的工具是油灯或蜡烛，蛾子不顾危险也要扑向火苗，结果自己常常受伤甚至失去生命。所以，有"飞蛾扑火"的俗语来形容义无返顾、不怕危险的情形。可见蛾子有多么喜欢绕着灯光飞行。

蛾子向往光明是它们趋光性本能的表现。蛾子飞近光源后，它的两只眼睛感受到光源的远近不同，其中一只眼睛比另一只眼睛感受到的光线强。为了使眼睛感到的光线强度达到平衡，它们就会不停地改变靠近更强光线的方向。这样，它们就总是绕着圈，盘旋着向灯光飞。

为什么爬得再高蜘蛛也不会掉下来?

所有的蜘蛛都有 4 对细长的腿。因为蜘蛛脚上布满了黏性极强的刚毛,即便倒悬也能紧紧黏住墙壁或其他地方。当蜘蛛处于倒悬状态时,脚上大约 6 万根刚毛全部与接触面紧密接触,能够黏住相当于自身体重 173 倍的重量。

为了节省力气,无论蜘蛛是处于倒悬还是站立状态,都不是将所有的脚与接触面相接触。不过,如果不是情况需要,蜘蛛也不喜欢倒挂着,因为那样很不舒服。

世界真奇妙

最大的蜘蛛是南美洲的格莱斯捕鸟蛛。它在树林中织网,以网来捕捉自投罗网的鸟类为食。

轻松考考你

蜘蛛对人类有什么帮助呢?

蜘蛛网会粘住蜘蛛自己吗?

蜘蛛可以说是大自然里最灵巧的小生命了,它们用横丝和纵丝共同织成了一张张蜘蛛网。

横丝上有蜘蛛分泌的黏液,遇到空气会形成无数个水珠般的小黏球,专门用来粘蚊虫。

当有猎物上钩时,蜘蛛就会顺着没有黏球的纵丝爬过去吃掉猎物。

但即使蜘蛛不小心碰到黏球也不会被粘住,因为它身上有一层光滑的油脂可以进行自我保护,防止被粘。

为什么苍蝇
会传播细菌？

大家知道吗，苍蝇是一种会传染多种疾病的昆虫。

这是因为苍蝇会吐出一种分泌液，把食物溶解后再取食。吃饱后，食物会反流到苍蝇口里然后再吐出，在食物上留下病菌。

不仅如此，苍蝇还喜欢在人们的食物上排泄，把病菌和虫卵排到食物上。

苍蝇腿上的毛也很容易在又脏又臭的地方粘上病菌，再通过食物传染给人类。

世界真奇妙

苍蝇的头部有一对复眼，就是每只眼睛里有很多只小眼睛。长期吃苍蝇卵的母鸡却能产下营养更高的鸡蛋。

 # 树的年轮是怎样形成的？

　　树干中的形成层是分裂和生长的主要结构。它在树皮和木质部之间，呈环状。春季形成层的细胞分裂迅速，形成的木质部细胞体形大，颜色较浅。到了秋季，形成层细胞分裂也逐渐减慢速度，形成的木质部细胞越来越小，颜色加深。这样就形成了色泽、深浅不同的同心圆界线，即树木的年轮。

树是吃什么长大的?

人要吃了饭才能长大,那么树是吃什么长大的呢? 原来,树是靠吸收自己制造的养分长大的。树有很多根,它就靠这些根从土壤中吸收养料和水分。另外,树的叶子里有叶绿体,叶绿体吸收二氧化碳和太阳能,把从根部送来的水转化为碳水化合物,这个转化过程叫光合作用。碳水化合物是构成大树体内纤维素、木质素的主要成分。有了这些养料,再加上土壤中其他肥料的帮助,树就越长越大了。

世界真奇妙

草原上树木很少,是因为草原上土层很薄,树很难扎根,无法获得养分。

轻松考考你

椰子靠海水传播种子，椰果落在海里，海水把它漂到哪儿，它就在哪儿安家落户。你知道种子还有哪些传播方式吗？

为什么大树上会长出别的小树？

大森林里有一种奇异的现象，就是在一棵大树的枝杈间，会长出另一种树来，这是为什么呢？

这是因为小鸟吃了某种植物的果实，果实中的种子没有被消化，小鸟在飞翔或在树上停歇时，种子随小鸟的粪便排泄出来，正好落在了大树的树杈间。一些年老的树木树杈间有洞，洞中集满了泥土，再加上雨水的浸润，种子就会发芽，渐渐长成小树，出现之前说的奇怪一幕。

为什么空心的大树还能活?

　　大树在成长时，树干每年都在增粗，树干中间的木质难以得到氧气和养料，会渐渐死去，死去的组织因细菌入侵或雨水渗入而腐烂，时间长了，便造成树干空心。

　　不过，不用担心这样的树木会死去，因为树干空心对树木并不是致命伤。树木的生存主要是靠筛管和导管往树冠、树枝、树干和树根输送养料，而这些管道更多地分布在树皮上，所以即使树干中心空了，树木也能照常生长发育。

轻松考考你

　　小朋友，你能说出几种四季长青的树木吗?

为什么地势越高植物越矮?

小朋友注意到了吗? 爬山的时候, 越往山上走, 周围的植物就越矮。山脚下的林木挺拔茂盛, 可高山顶上的植物却长得很矮小。你知道这是为什么吗?

其实, 植物的生长除了与本身有关外, 与周围的环境也有很大关系。尤其是阳光的照射, 对植物的生长有很大的影响。高山上的紫外线比较强, 由于紫外线阻挡了植物茎的生长, 所以很多高山植物都比较矮。其次, 矮小植物不怕风吹, 抗寒能力强, 需要的养分少, 所以更适合在高山生存。

轻松考考你

你知道雪莲生长在什么地方吗?

有不长叶子的树吗？

　　树不长叶子，还叫树吗？世界上真的有一种不太高的无叶树，人们形象地叫它"光棍树"，它的学名叫绿玉树。

　　绿玉树的树干、树枝都是绿色的，因为长期生活在缺水干旱的地方，为了减少体内水分的蒸发，叶子完全退化了，成了现在这个古怪的样子。虽然没有了叶子，但是绿色的枝干完全能够代替叶子的功能，为树木的生长制造养料，满足生长发育的需要。

世界真奇妙

　　在美洲有一种树，叶片的颜色和形状都像蝴蝶，因此称之为"蝴蝶树"。

为什么不能烧树叶？

  人们把树叶扫来堆在一起，点火烧掉，这种做法是不对的。因为落叶在燃烧时，会产生对人体有害的气体，如一氧化碳、二氧化碳，还有许多灰尘。空气中含有这些东西多了，人吸进肺里，就会感到头晕，严重的还会恶心，引起疾病。

  所以，为了保证清新、干净的空气，请不要燃烧树叶。最好将它们埋在树下，既能保护环境卫生，又能当做肥料。

世界真奇妙

  每到农忙季节，农民伯伯都会焚烧秸秆，天空中布满浓烟，不仅味道难闻，还严重影响环境和航空飞行。

为什么叶片两面颜色深浅不同?

细心的小朋友一定会发现这样一个现象：叶子两面的颜色是不一样的，叶子背面的颜色总是比正面要浅一些，这是为什么呢？这是因为照在叶子表面上的阳光多，叶肉细胞排列得紧密，里面的叶绿素较多，便于更好地进行光合作用，制造养料。而叶子背面上的叶肉细胞较松散，里面的叶绿素就比较少。所以，叶绿素多的正面要绿一些，叶绿素少的背面颜色要浅一些。

轻松考考你

如果照在叶子上的阳光一样多，叶片颜色的深浅会是一样的吗？

世 界 真 奇 妙

有些植物的叶子虽然是红色的，但是叶子里也有叶绿素，因此仍能进行光合作用。

为什么树叶大多是小而扁的？

树叶是进行光合作用的主要器官，它需要吸收太阳能和二氧化碳，小而薄的树叶间会形成许多缝隙，能让更多的树叶得到阳光照射。

只有尽量缩小叶子的厚度，扩大叶子的表面积，才能更多地吸收二氧化碳，满足光合作用的需要。叶子长成扁的，就是在长期进化中形成的。

为什么树木秋天会落叶？

　　每到秋天，生长在温带地区的树木就会掉叶子，只剩下光秃秃的枝干。为什么树木到了秋天会落叶呢？原来，树木落叶是在为安全过冬做准备。树叶的生存主要是靠树根从地下吸收水分。

　　秋天到来时，气候干燥，降水量减少，地下水分储存不足，树根即使用尽全身力量，也很难吸取充足的水分供给全部的树叶，所以树叶会因为缺少水分逐渐枯黄掉落。这样，树木就能够保留足够的养分安全过冬了。

　　知道为什么通常是树梢的叶子先变黄凋零吗？

为什么秋天松树不落叶？

到了秋天，气候变得寒冷干燥，土壤里的水分少了，植物的根吸收水分的能力也差了，所以入秋以后，大多数树木的叶子都会凋落。因为叶子的表面有很多气孔，会蒸发掉大量水分，落叶后，植物就可以减少水分的消耗。但是，松柏中的大多数却不落叶，这是因为它们的叶子本来就很细小，像一根根针似的，而且表面还有一层蜡质，叶表面细胞有角质特点，气孔陷得很深，所以消耗不了太多水分，用不着落叶了。

世界真奇妙

有些松树能在石头缝里生长，是因为松树的树根会分泌出酸性的汁液。这些汁液能使花岗岩、石灰岩等石头变成粉末，形成土壤。

95

世界真奇妙

　　找到分泌出松脂的松树，轻轻触摸树干上的松脂，会发现它具有黏性。

 松树树干上流的是什么？

　　在植物世界里，能够分泌液体的树木有很多种，比如橡胶树、樱花树等等，松树也是其中的一种。松树的树干常常会流出一种透明的液体，这就是松脂。松树在生理代谢过程中，制造出松脂并贮藏在体内的管道里。在受到伤害时，松脂就从管道中流出来，把伤口封闭起来，同时杀死有害病菌，就像是在给自己涂抹药膏一样。松脂中含有松节油、松香和其他一些挥发性物质，这些物质具有杀虫的作用。所以说，松树分泌松脂是一种自我保护的手段。

 # 为什么枫叶会变红?

晚秋时节，绿色的叶子会因为失去叶绿素而渐渐变得枯黄。

可是枫叶为什么会变成红色呢？原来，这是它们在巧妙地做着过冬的准备呢。

当冬天到来之前，枫树为了御寒，将体内一些复杂的有机物转化成高能量的糖分。当细胞液里的糖分增加后，细胞间隙里的溶液就不易结冰，这就增加了植物的抗寒能力。当糖分增多后，枫叶里的花青素也会逐渐增多，再加上失去叶绿素，停止了光合作用，所以枫叶就变红了。

世界真奇妙

北京西山的红叶可是
在全世界都很出名的哦！

为什么说胡杨树全身都是宝?

胡杨是生长在沙漠地区的一种珍贵树木。胡杨的根系发达，可以深入地下吸收水分和养料。它的树皮很厚，保护着树中的养分，天气越干旱，它吸收和贮藏的水分就越多。胡杨可以阻挡风沙，改善环境。胡杨木质坚硬，不容易腐烂，可以用来做枕木、电线杆、木船等等。胡杨还能分泌碱，碱既可以吃，又可以作工业原料。胡杨的叶也是很好的肥料。

世界真奇妙

在我国，胡杨生长在塔里木河两岸。这一带大多是荒漠，植物稀疏，树木极少。胡杨是生长在那里的唯一高大乔木。

为什么银杏树特别少?

在 1 亿年以前,银杏树很多,但目前比较稀少了,这是因为它结果的时间太长了。银杏树是雌雄异株的,雄的银杏树只长雄性的小孢子叶,雌性的银杏树只长雌性的大孢子叶。因此,如果一个地方只有雄树,或者只有雌树,就不能很好地进行繁殖,银杏树就越来越少了。

世界真奇妙

银杏是世界上最古老的树种之一,在冰川运动时期,绝大多数被埋起来变成了化石和煤,只有极少数在我国存活下来,因此被称为"活化石"。

什么是沙漠中的"人参"？

　　我国大西北和内蒙古沙漠地区，生长着一种叫梭梭的植物。梭梭的根上常常寄生着一种草本植物——肉苁蓉。肉苁蓉长有肉质的根，呈黄色，高 10~45 厘米，黄褐色的鳞状叶片裹在茎上。它不含叶绿素，不能独立生活。肉苁蓉具有降压、补肾等功能，特别适合于老年人和病后体弱者服食，久服可以延年益寿，是我国沙漠地区特有的药用植物，有"沙漠人参"之称。

世界真奇妙

　　沙漠植物大都有抗旱本领，它们的身体像贮水桶一样能贮藏水分。

无花果的老家在亚洲西部。现在，我国很多地区都有栽培，特别是在新疆南部种植得更多。在北方，无花果往往作为室内盆栽的观赏植物。

无花果树是果树中最长寿的，有的能活2000年。

无花果树会开花吗？

无花果每年都会开一两次花，可为什么我们从来没有见过它的花呢？原来，无花果的花全躲在新枝叶腋间，它的花托顶端深凹进去，把花从头到脚包裹起来，我们根本看不到，所以才叫它无花果。

无花果的果实是由花托变成的，很多小花就藏在果实里面。无花果中的颗粒就是无花果的种子。

为什么薄荷特别凉？

　　薄荷是一种多年生的草本植物，秋天开红、白、紫色的小花。叶子是对生的，呈卵形或长圆形，叶边有锯齿，一般用根来繁殖。为什么薄荷会清凉呢？因为在它的茎干和叶子里，含有一种挥发油——薄荷油，它的主要成分是薄荷醇和薄荷酮。薄荷油是油状液体，馥郁芳香而清凉，薄荷的清凉就是从这里来的。

世界真奇妙

　　薄荷清凉爽口，能作为消暑佳品，而更重要的还能作为医药、食品、化妆品的工业原料，比如能制成清凉油、人丹、十滴水等。

为什么要给果树剪枝？

　　果树枝繁叶茂，却往往被人剪得疏疏落落，这是因为剪枝对果树的生长有很多好处。果树的发枝能力特别强，生长得很快，枝条大多会遮挡阳光，不利于果实生长。剪掉那些不结果的枝条，只保留会结果的，这样果子就会结得又多又大。而且剪掉那些有病虫的枝条，还能避免传染给其他枝条。累累果实需要粗壮的枝干，如果不修剪枝条，任其自然发展，枝条的营养分配得少，就会长得又细又密，是没有办法承受住果实重压的。

世界真奇妙

　　"树大根深"这个成语是指根系发达高大的树木。比喻势力大，根基牢固。

为什么夏天
树林里比较凉爽？

　　由于树木的蒸腾作用，树木上的叶子会不断地散发出大量的水分，好像不断地向空中喷水一样，保持着空气中的湿度。树林越茂密，散发的水分越多，空气就越湿润。再加上茂密的树林可以遮挡部分阳光的照射，所以树林里和外面比起来，就显得凉快多了。

世界真奇妙

　　银杏冠大荫浓，具有降温作用，直射阳光下，气温高达40.2℃时，银杏树下的气温仅为35.2℃。

104

世界真奇妙

在我国的海南岛和西沙群岛，也生长着很多笔直挺立的椰子树。

为什么热带
沿海椰子树多？

在热带沿海地区和岛屿周围，到处可以看到高大笔直的椰子树。

为什么在这里能看到这么多椰子树呢？这和椰子树的生活习性密不可分。椰子树的果实是一种壳果，外表皮是粗松的木质，中间由棕色的纤维构成。椰子成熟后掉在水中，会像皮球一样漂浮。一旦被海潮冲到岸边，有了适宜的环境，它们就在那里发芽成长，重新定居。椰子树特别喜欢海边含有盐分的土壤，喜欢充足的水分，而湿润的海风也利于椰子树生长。

为什么要多种树?

人类的生产、生活都离不开树木，树木的作用可大啦。首先，树木能够净化空气。树木的叶子在阳光照射下，能释放出大量的氧气，同时吸收二氧化碳和一些有害气体，使空气变得清新。树木还可以美化环境，它不仅能降低噪音，而且能吸尘，抵挡风沙。在居住的地方多种些树，不仅能够遮阴，还能使环境安静、清洁。另外，树木还是许多小昆虫、小动物的家呢。

世界真奇妙

树木是"天然的消音器"，因为它有浓密的枝叶，吸收声音的能力很强。当噪声的声波通过树木时，树叶就会吸收一部分声波，使噪音减弱。

世界上什么鱼游得最快？

海洋、河流里大约有 3 万多种鱼，如果要评比游泳冠军，那么得第一的一定就是旗鱼了。

旗鱼在辽阔的海域中疾驰如箭，游速每小时达 120 千米，比轮船的速度还要快三四倍。它们那像长剑的嘴巴，能起到把水流分开、减小阻力的作用。游泳时，背鳍也会竖起展开，好像船上的风帆。尾柄特别细，肌肉很发达，摆动起来非常有力，像轮船的推动器。

旗鱼能有这么好的游泳成绩，和它独特的生理条件是分不开的。

世 界 真 奇 妙

　　旗鱼的身体修长，能长到 2 米多。身手矫捷的旗鱼有着"海中飞箭"的美称！

107

为什么鱼不能离开水？

　　鱼一离开水，就会面临着死亡的威胁，因为鱼虽然也有呼吸器官，但不能像人那样直接用鼻子来呼吸空气中的氧气。

　　鱼是靠鳃吞进水，并吸取溶解在水中的氧气，以达到呼吸目的。如果离开水，因为无法及时补充氧气，鱼就会死亡。同时，它们的身体也会因失去水分而变干，严重威胁生命。

世界真奇妙

　　海里的鱼和淡水里的鱼在外表上有很大的区别。受到污染的水也会造成鱼类的死亡。

108

轻松考考你

鱼类的身上通常都有鳞片，是皮肤的一部分。那你知道鱼鳍有什么作用吗？

为什么鱼尾总是摆来摆去？

　　无论是在池塘里，还是在鱼缸里，我们总是看见鱼摇摆着绚丽多彩的尾巴在水里自由自在地游来游去，一副欢快的样子。只有睡觉的时候，它们才会静静地呆着，一动也不动。

　　鱼的尾巴究竟有什么作用呢？这就好比是轮船的桨和舵，可以控制鱼儿前进的方向和游水的速度。如果要向右拐，它们就把尾巴往左摆。尾巴摆得越厉害，速度也就越快。这就是为什么鱼儿能在水里自由穿梭的原因了。

为什么鱼游泳时总是背部向上？

这与阳光的方向和地球重力有关。

有实验证明，鱼总是将背对着来自不同方向的光源，有着背对从上而下的太阳光的天性。同时，鱼类的平衡器官——耳石，也能阻止鱼在水中偏斜，耳石能对地球的重力做出反应并准确测量。由于对光线的反应和受地心引力的影响，鱼类始终保持着背部向上、肚子向下的姿势。

如果切除鱼耳中的耳石，消除地心引力的作用，再从下面露出光源，鱼就会肚子向上翻倒过来游泳了。

轻松考考你

深水中的鱼根本见不到阳光，也背朝上游，这是因为地心引力的作用。鱼死了以后，为什么肚皮朝上呢？

110

世界真奇妙

你知道鲸鱼和海豚是怎样交流的吗？鱼类的"语言"除了声音以外，还有外形、气味、游姿等。

鱼会说话吗？

鱼和人类一样，有着它们特殊的语言。但是，这种"语言"太微弱了。生活在水中的鱼发出的声音是很难听到的，需要利用各种仪器才能捕捉到。

通过安放在水下的仪器，我们就可以听到各种鱼发出的各不相同的声音。

当鲨鱼发出低沉的叫声时，就是一种特殊的求救语言，这种叫声能迅速引来同伴援救自己。翻车鱼如果和同伴产生了矛盾，牙齿摩擦发出的声音就是在表达自己的不高兴了。

世界上真的有美人鱼吗？

童话里，有一位大家都熟悉的美人鱼公主。不过，实际生活中是没有这种生物的。

可大家习惯把一种叫儒艮的哺乳动物叫做"美人鱼"，因为它的雌兽胸部丰满，高高隆起。当它给幼仔哺乳时，常用两个肥大的胸鳍抱起幼仔露出海面，在傍晚或朦胧的月夜中会使人们产生幻觉，因而赋予了它传奇浪漫的色彩。

可令人失望的是，儒艮近看不仅不漂亮，反而挺丑呢。

世界真奇妙

儒艮有非常发达的消化系统，4个胃室每天能消化几十公斤的植物。成年儒艮的身体一般有2~3.5米长，体重达到300~400千克。

世界真奇妙

娃娃鱼十分耐饿，饲养在清凉的水中，两三年不吃东西也不会饿死。

娃娃鱼是我国珍贵的特产动物。

娃娃鱼长得像娃娃吗？

娃娃鱼的学名叫大鲵，这种两栖动物长得并不像小娃娃，但它们发出的叫声很像小孩的啼哭声，所以有了这个可爱的名字。

娃娃鱼一般生活在海拔 100~2000 米水流湍急、水质清凉的溪流边，石缝和岩洞都是它们安家的好地方。娃娃鱼特别怕光，白天一般都不离家，晚上才出来寻觅食物。

娃娃鱼还挺懒惰，从不主动去捕食，而是趴在水边张着大嘴，等鱼虾自己送上门来。

世界真奇妙

海马是弯曲身体和尾巴直立着游泳前进的。海马爸爸可是自然界中最辛苦的爸爸了，因为它还要肩负抚养小海马的责任呢！

海马爸爸真能生出海马吗？

世上大多数动物都是从妈妈的肚子里钻出来的，只有小海马例外，是一个一个从海马爸爸的大肚子里蹦出来的。

繁殖的季节到了，雄海马的肚子上开始产生褶皱，慢慢地合成宽大的"育儿袋"——孵卵囊。雌海马就将卵产在雄海马的育儿袋里。在这个安全舒适的环境里，胚胎慢慢发育，一直到变成小海马才会钻出囊来。

海马爸爸每次可以孵出 30~300 尾的小海马。

为什么比目鱼
长得那么奇怪？

　　在大海的底层，生活着一种奇怪的鱼，因为它的眼睛和别的鱼不一样，是长在脑袋同一边的，所以大家叫它比目鱼。

　　比目鱼的身体很扁，喜欢平躺在水底，长两只眼睛的那一面朝上。身上的颜色随着环境发生变化，不仔细看很难把它从沙地里识别出来，具有迷惑敌人、保护自己的作用。

　　在比目鱼刚出生的时候，眼睛还是分别长在脑袋两边的，但是长到20天的时候，不能正常游泳的它们就只好侧卧在水底，时间一长，就把朝下的眼睛慢慢挤到上面来了。

世界真奇妙

　　比目鱼的弹跳能力很强，一跃就能吃到食物。比目鱼不仅眼睛长得歪，连口、牙、胸鳍和腹鳍都是不对称的。

海豚为什么聪明?

海豚属于鲸类，分远洋海豚和近海海豚两大类，细分下来有 50 多种。近海海豚的脑重量占体重的 0.6%，远远超过大猩猩或猴等灵长类的比值，是动物界的佼佼者。它们大脑比较发达，所以特别聪明，可以和人类进行对话、交流。经过训练的海豚能进行许多难度较大的杂技表演，帮助科学家捞取沉落海底的东西……

所以，和善可爱的海豚是海洋里最聪明的动物，也是人类的好朋友。

世界真奇妙

历史上曾经有过海豚治愈了一个外国少年自闭症的事情。海豚的视力很弱，靠超声波来发现目标，所以感觉非常灵敏。

为什么寄居蟹没有固定的家？

寄居蟹除少数种类外，一般躯体左右不对称，尾节也不对称。寄居蟹不会造房子，又不愿意待在外面，就只好寻找空的螺壳，寄居在里面。

它们将腹部缩进找到的新家里，尾巴紧紧钩住螺壳，将头部伸出壳外，在沙滩或海底迅速爬行。如果遇到危险的时候，它们就会将身体缩进去，用前足将壳口封住。

但寄居蟹的身体会因为蜕皮后不断长大，所以懒惰的它们不断地寻找合适的螺壳做新家。

轻松考考你

你知道还有哪些动物像寄居蟹这样过着寄居生活吗？

章鱼是鱼吗？

很多人因为章鱼名字中有一个"鱼"字，以为它是鱼类。实际上章鱼和螺、蚌同属一类，是无脊椎软体动物。

章鱼庞大的身体里没有脊椎，也没有一块骨骼，和鱼类有明显的区别。之所以叫它章鱼，是与它长期生活在水中有很大关系。

章鱼是非常凶猛的动物，很多鱼类都怕它，有时候连人类都不是它的对手呢。

世界真奇妙

章鱼和乌贼、枪鱼贼是亲戚，同属一类。章鱼的头上长着八条腕，有很多吸力极强的吸盘。